U0084885

一定要學會的
100道菜
餐廳招牌菜在家自己做

100道菜，
輕鬆成為烹調魔術師

麻婆豆腐、豉汁排骨、苦瓜鹹蛋、鳳梨炒飯，想必都是你常吃、耳熟能詳的菜，這些菜非得到台菜餐廳、川味小館，還是快炒小店才吃得到嗎？也許有些人認為大廚做的菜才夠味好吃，但千萬別小看自己，同樣美味的菜，在家自己也能做。這些菜的做法其實並不難，材料準備上也不若你想得那麼麻煩，只要你想做，都可以輕鬆完成。

本書以做法簡單、材料易備、色香味俱全為基礎，挑選出100道大家平常最喜歡上餐館點的菜，告訴你以最簡單的做法，不費吹灰之力也能獨立完成。100道菜分成「最受歡迎餐廳招牌菜」，如蒼蠅頭、檸檬魚、水煮牛肉等；「開胃下飯菜」，如五更腸旺、蒜泥白肉、椒麻雞等；「簡單&爽口」，如苦瓜鹹蛋、乾燒蝦仁、涼拌小黃瓜等；「就是要吃飽」，如越南河粉、鹹魚雞粒炒飯、涼麵等，每道菜在家就能完成，馬上就能上桌。

做菜的人最常有的煩惱就是：「今天吃什麼？」每天為了家人的飲食傷透了腦筋，你是否還在煩惱不知道要吃什麼？有了這100道菜讓你變換菜色，每天的餐桌簡單搞定，輕鬆成為烹調魔術師。

YUMMY 100

contents *

最受歡迎餐廳招牌菜 *

YUMMY 100 contents *

簡單&爽口 *

就是要吃飽 *

輕鬆學做菜 *

{ 最受歡迎 餐廳招牌菜 }

你能想像最受歡迎的月亮蝦餅、檸檬魚、蒼蠅頭自己在家也能做？不用懷疑，走趟超市買齊材料，翻開食譜動手做，從此不用上餐廳啦！

YUMMY

100

01

| 材料 |
去骨雞腿2隻、麵粉適量、高麗菜3片

| 調味料 |
A 酒1大匙、鹽1/2小匙、薑泥1/2大匙、蜂蜜1大匙、香油1大匙
B 白醋1大匙、醬油1大匙、糖1/2大匙、冷開水15c.c.、辣椒末1小匙、
　　蒜泥1小匙、香菜末1小匙、香油1小匙

椒麻雞

| 做法 |

1. 將雞腿放入調味料 **A** 醃2個小時，高麗菜切絲。

2. 雞腿肉沾上薄薄的一層麵粉，放入油鍋裡炸，炸至兩面呈金黃色且熟，取出切成長條。

3. 將調味料 **B** 調勻後入鍋稍微炒一下。

4. 取一盤子，依序放上高麗菜絲、雞肉條，淋上炒過的調味料 **B** 即成。

02[*]
麻婆豆腐

| 材料 |

嫩豆腐2塊、豬絞肉75克、蔥末1大匙、薑末1大匙、蒜末1大匙

| 調味料 |

A 辣豆瓣醬1大匙、酒1大匙、醬油2大匙、糖1/2小匙、水480c.c.

B 太白粉1小匙、水少許、蔥花少許

| 做法 |

1. 豆腐入沸水汆燙，撈出切小丁。

2. 鍋燒熱，加入3大匙油，爆香蔥末、薑末、蒜末，沿鍋邊淋入酒，再放入絞肉炒熟。

3. 倒入豆腐拌炒片刻，加入調味料 **A** 煮開，再改小火燜煮4分鐘。

4. 太白粉調水加入勾薄芡，起鍋前撒上蔥花即成。

03*
蒼蠅頭

|材料|
豬絞肉150克、韭菜花75克、豆豉1大匙、青蔥2支、辣椒2支、
醬油1大匙、酒1/2大匙

|調味料|
鹽適量、胡椒粉適量

|做法|

1. 韭菜花、青蔥和辣椒切丁,備用。

2. 鍋燒熱,倒入3大匙油,加入豬肉炒至六、七分熟,放入韭菜花、豆豉、辣椒、
   醬油和酒翻炒,加入青蔥丁迅速翻炒,最後以適量的鹽和胡椒粉調味即成。

04*
三杯雞

| 材料 |
雞腿2隻、老薑60克、大蒜6粒、辣椒1支、九層塔1把

| 調味料 |
酒5大匙、醬油5大匙、香油5大匙、糖2大匙

| 做法 |
1. 雞肉洗淨剁塊，老薑切片，大蒜切片，辣椒去籽切片。
2. 熱油鍋至約八分熱，放入雞肉過油至顏色轉白時取出。
3. 鍋燒熱，加入2大匙油，爆香薑片、蒜片、辣椒片，放入雞塊及調味料以大火燒開後，改中小火燜煮約8分鐘至湯汁微乾，起鍋前撒入九層塔拌勻即成。

YUMMY
100

05*
麻油雞

|材料|

土雞腿2隻、老薑300克、黑麻油8大匙、酒1瓶

|做法|

1. 土雞腿洗淨剁塊,老薑去皮後切片。

2. 鍋燒熱後轉小火,倒入黑麻油燒熱,立刻加入薑片,以小火慢炒薑片至乾,續入雞肉以中火炒至雞肉變色,倒入半瓶酒,以小火燜煮雞塊至熟軟,轉大火再加入剩下的半瓶酒煮沸即成熄火。

06*
香辣雞翅

|材料|
雞翅5隻

|醃料|
辣椒醬1大匙、醬油1小匙、酒1小匙、糖1/2小匙、胡椒粉少許、水60c.c.

|調味料|
洋蔥30克、檸檬1/2個、大蒜4粒、辣椒2支

|做法|

1. 將雞翅膀洗淨切成兩段。

2. 洋蔥、檸檬洗淨切片;大蒜、辣椒略拍,與雞翅一起拌入醃料
   中,醃約1個小時後取出。

3. 烤箱預熱至約200℃,排入雞翅烤約10分鐘至熟即成。

Tips
綠咖哩在一般超市，
如頂好、善美的超市
的泰國食品區內買得
到。乾燥裝瓶的檸檬
葉會放在超市的泰國
食品區或香料區。

07*
泰式咖哩雞

| 材料 |

去骨雞腿3隻、辣椒1支、洋蔥20克、蔥1支、檸檬葉適量

| 調味料 |

椰漿400c.c.、綠咖哩1大匙、糖1 2/3大匙、魚露1 1/3大匙、
高湯360c.c.

| 做法 |

1. 每隻雞腿剁成4～5塊。辣椒切片，洋蔥切絲，蔥切段。

2. 熱鍋並入少許油，加入辣椒、洋蔥、蔥和檸檬葉略炒一下。

3. 放入雞肉和調味料，用大火煮滾後轉成小火，煮15～20分鐘
   即可熄火。

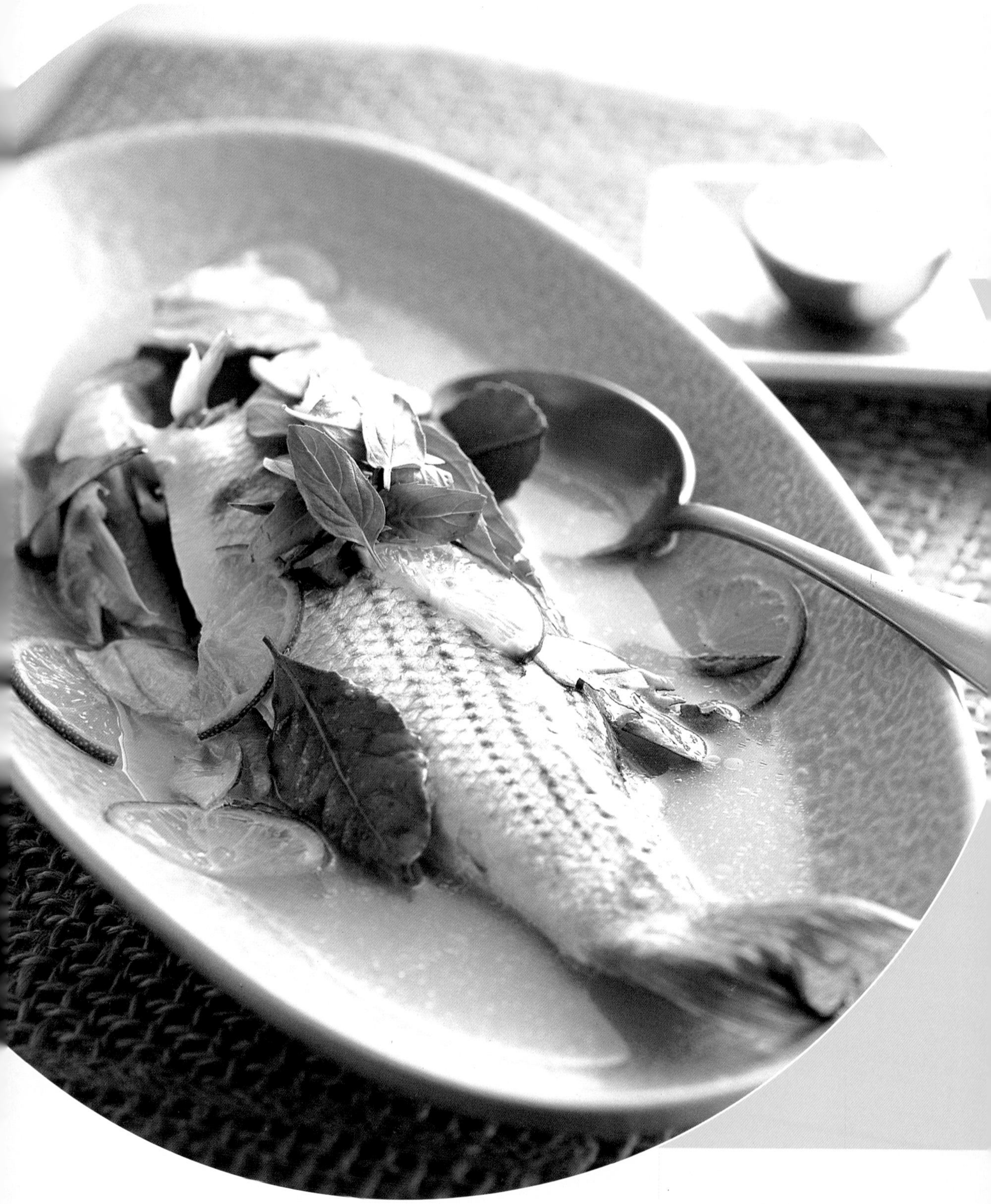

08

|材料|
鱸魚1條（約350克）、月桂葉2片、老薑泥1/2大匙、檸檬數片、蔥適量、辣椒適量

|調味料|
鹽適量、白胡椒粉適量、細砂糖1/2小匙、花椒粉1/4小匙、酒1大匙

檸檬魚

|做法|

1. 鱸魚兩面均勻塗抹鹽和白胡椒粉，將月桂葉鋪在魚身的兩面，放入冰箱靜置20分鐘，將魚放在蒸鍋上，月桂葉撿出丟棄。

2. 蔥和辣椒都切絲。

3. 鍋燒熱倒入少許油，放入老薑泥、糖和花椒粉快速爆炒，澆在魚身上，淋上酒後放入蒸鍋中以大火蒸約15分鐘即成取出，盛盤後放上檸檬片、蔥絲和辣椒絲。

09

Tips
酥炸粉在超市有賣；巧克力米在烘焙店有賣。

│材料│
草蝦仁375克、罐頭鳳梨4片、沙拉醬少許、酥炸粉240克、巧克力米少許、水180c.c.

│調味料│
酒1大匙、鹽1/2小匙、胡椒粉1/2小匙

鳳梨蝦球

│做法│

1. 蝦仁抽去腸泥，洗淨擦乾水分，加入調味料醃5分鐘。

2. 鳳梨片每片均切成8小片。

3. 酥炸粉加水180c.c.調成糊狀。

4. 將蝦仁沾裹麵糊後放入約七分熱的油鍋中，以中火炸至呈金黃色。

5. 取一盤子，將鳳梨片置於盤中，放入炸酥的蝦仁，擠入適量沙拉醬，撒上巧克力米即成。

10*
月亮蝦餅

YUMMY 100

Tips
魚露在一般超市，如頂好、善美的超市內買得到。

| 材料 |
熟春卷皮300克（約12張）、冷凍蝦仁600克、魚漿300克、紅蔥頭3粒、大蒜3粒、辣椒少許、生菜少許

| 調味料 |
魚露適量、白胡椒粉適量、麵糊（麵粉3大匙、水45c.c.混合）、酥脆粉（麵粉1大匙、太白粉1大匙、在來米粉1大匙混合）

| 做法 |

1. 蝦仁洗淨瀝乾水分後剁成碎粒狀；紅蔥頭、大蒜切碎末；辣椒切絲。

2. 蝦仁、大蒜、紅蔥末、魚漿與魚露、白胡椒粉拌勻做成蝦仁餡。

3. 取一大圓盤，鋪上一層鋁箔紙，撒上一層酥脆粉，放上一片春卷皮，舀入蝦仁餡。以刮刀將蝦仁餡攤平，在春卷皮邊緣抹上麵糊，再鋪上一片春卷皮，噴灑一層薄薄水氣，撒上酥脆粉。

4. 拿牙籤在春卷皮上戳數個小洞，放入平底鍋，以中火煎炸至酥脆呈金黃色，煎好取出放在盤子上，以生菜和辣椒絲點綴即成。

11*
鹽酥蝦

|材料|
草蝦或蘆蝦300克、蔥末1小匙、薑末1小匙、蒜末1小匙、辣椒末1小匙、太白粉16大匙（約240克）

|調味料|
A 酒2大匙、鹽1小匙、胡椒粉1/2小匙
B 胡椒鹽1小匙

|做法|
1. 蝦剪去鬚部及眼部，抽出腸泥，洗淨瀝乾後與調味料 **A** 拌勻醃4分鐘。

2. 將蝦分別沾裹太白粉，放入約八分熱的油鍋中以大火炸至酥黃。

3. 鍋燒熱，加入1大匙油，爆香蔥末、薑末、蒜末、辣椒末，加入蝦子和胡椒鹽拌勻即成。

12*
橙汁排骨

| 材料 |
排骨500克

| 醃肉料 |
A 酒1大匙、鹽1小匙、白胡椒粉1/4小匙、水30c.c.
B 蛋1個、太白粉8小匙、中筋麵粉8小匙

| 調味料 |
柳橙原汁45c.c.、白醋1 1/2大匙、糖1 1/2小匙、水75c.c.、太白粉2小匙

| 做法 |
1.將排骨放入醃肉料 **A** 中醃約15分鐘,再放入醃肉料 **B** 中。

2.鍋燒熱,熱油至約八分熱,放入排骨炸至酥後撈起。

3.將調味料煮開,淋上1大匙熱油,放入排骨拌勻即成。

13*
紅油抄手

材料｜
豬絞肉100克、餛飩皮15張

調味料｜
蔥末適量、薑末適量、水適量、鹽適量、胡椒粉適量

紅油醬料｜
紅辣油1大匙、蒜泥1/4小匙、蔥花1/4小匙、芹菜末1/4小匙、
冬菜末1/4小匙、醋1/4小匙、甜醬油1小匙、花椒粉1/4小匙

Tips
甜醬油的做法是將醬油16大匙（約240c.c.）、糖3大匙、酒1/2大匙、八角2個、桂皮適量和水120c.c.放入鍋中煮約10分鐘即成。

做法｜

1. 絞肉剁碎，加入調味料拌勻後做成餡料。

2. 餡料包入餛飩皮內，將餛飩皮對摺成三角形，底邊往上摺，
   左右再對摺一次做成抄手。

3. 取一鍋，倒入水燒開，放入抄手煮熟後撈起。

4. 將抄手放入混合調勻的紅油醬料中即成。

YUMMY

14

| 材料 |
牛肉片200克、蒜苗30克、薑末10克、蒜末10克、豆瓣醬3大匙、乾辣椒5支、花椒適量

| 調味料 |
醬油1大匙、鹽1小匙、太白粉少許、牛肉高湯1,200c.c.

水煮牛肉

| 做法 |

1. 牛肉切片，以鹽和太白粉略醃；蒜苗切3公分長段，乾辣椒去籽。

2. 熱油鍋，放入少許油，加入乾辣椒、花椒稍微炸一下，取出剁碎。炒鍋倒入少許油熱鍋，放入蒜苗炒熟，盛出鋪在深缽或砂鍋裡。

3. 炒鍋倒入油燒至四分熱，加入豆瓣醬略炒，放入薑末、蒜末炒香，倒入高湯，加鹽和醬油炒勻。放入牛肉，以筷子輕輕撥散，待牛肉熟、湯汁變稠後倒在蒜苗上，撒上剁碎的辣椒、花椒。

4. 快速熱油鍋，放入少許油燒至六分熱，淋在牛肉湯上即成。

15*
菜脯蛋

| 材料 |
碎菜脯120克、蛋4個、蔥末1大匙

| 調味料 |
鹽1/3小匙

| 做法 |

1. 菜脯洗淨後泡水5分鐘，撈出瀝乾水分。

2. 蛋打散，加入菜脯、蔥末與鹽拌勻。

3. 平底鍋燒熱，倒入2大匙油，倒入蛋汁，以小火微烘
   凝固成圓片，待兩面都煎黃後，即可盛出。

Tips

七味粉是日本主婦做菜時常用到的調味料，是將辣椒、芝麻、陳皮、罌粟、油菜籽、麻的種子，以及山椒弄碎後混合而成的粉末，日系超市都買得到。

16*
涼拌青木瓜絲

｜材料｜
青木瓜200克、小蕃茄4粒

｜調味料｜
鹽1/2小匙、柴魚粉1/2小匙、香油3大匙、七味粉1大匙

｜做法｜

1. 青木瓜削去外皮、去籽，用刨刀刨成細絲，加入1/2小匙鹽醃使其軟化，倒去醃的過程中滲出的苦水。

2. 用冷開水沖洗木瓜絲，瀝乾水分。

3. 小蕃茄切半與木瓜絲、調味料拌勻即成。

開胃下飯菜

一想到辛辣的炒海瓜子、三杯透抽，還有酸甜的糖醋排骨就口水直流，趕快去準備一大碗飯，今天全家人一塊大打牙祭。

17*
清蒸石斑

| **材料** |
石斑魚1尾（約600克）、蔥絲2大匙、辣椒絲2大匙、薑絲2大匙

| **調味料** |
蒸魚醬油4大匙、酒1大匙

| **做法** |

1. 石斑魚處理乾淨，由脊部大骨處劃一刀紋，鋪上蔥絲、薑絲和辣椒絲，淋上調味料。

2. 取一鍋，倒入水燒開，墊上蒸盤，放入石斑魚以大火蒸8分鐘即成。

17

18* 炒海瓜子

YUMMY 100

| 材料 |
海瓜子600克、蒜末1大匙、辣椒1支、九層塔1把

| 調味料 |
酒1大匙、醬油膏3大匙

| 做法 |

1. 所有材料洗淨。海瓜子瀝乾水分；辣椒切斜片；九層塔取嫩葉。

2. 鍋燒熱，倒入4大匙油，爆香辣椒、蒜末，加入酒，放入海瓜子拌炒。

3. 蓋上鍋蓋燜煮至海瓜子的殼稍微打開，加入醬油膏拌勻，起鍋前撒入九層塔拌勻即成。

19*
豆豉鮮蚵

|材料|
鮮蚵（牡蠣）200～250克、豆腐1/2盒、豆豉1 1/2大匙、青蔥2支、辣椒少許

|調味料|
雞粉1/4小匙、香油1/4小匙、鹽適量、白胡椒粉適量、蕃薯粉1大匙

|做法|

1. 豆腐切小塊，青蔥切細末，辣椒切末。

2. 鮮蚵用少許鹽反覆抓洗，再以大量清水沖刷乾淨，表面撒上蕃薯粉，
   放入滾水中燙一下立刻撈起，瀝乾水分。

3. 鍋燒熱，放入豆豉快炒，倒入約3大匙水轉大火略為收汁，放入鮮
   蚵、豆腐、雞粉、香油、鹽和白胡椒粉翻炒均勻，起鍋後表面撒上蔥
   花末、辣椒末即成。

20*
生炒花枝

|材料|
花枝（墨魚）450克、胡蘿蔔20克、辣椒2支、蒜末2大匙、蔥1支、蒜苗20克

|調味料|
A 酒1大匙
B 醬油4大匙、白醋3大匙、糖2大匙、水240c.c.、香油1大匙、
C 太白粉1大匙、水

|做法|
1. 花枝去除外膜及內臟、墨囊，清洗乾淨，交叉淺切花紋，再切成厚長條狀或厚圈狀。

2. 胡蘿蔔切片狀，辣椒切斜片，蔥切段，蒜苗切段。

3. 鍋燒熱，倒入5大匙油，放入花枝以大火快炒至八分熟，撈出。

4. 取另一鍋燒熱，倒入4大匙油，炒香蒜末、辣椒片、蔥段，先加入調味料 **A**，放入調味料 **B** 燒開，入花枝燴炒一下，最後以調味料 **C** 勾芡，起鍋前撒入蒜苗片拌勻即成。

YUMMY 100

21*
三杯透抽

| 材料 |

透抽（中卷）600克、大蒜4粒、薑6片、辣椒2支、九層塔適量

| 調味料 |

酒4大匙、香油4大匙、醬油4大匙、糖1 1/2大匙

| 做法 |

1. 將透抽腸泥抽去，洗淨墨囊和眼珠，切成3公分厚的圈狀。

2. 鍋燒熱，倒入2大匙油，放入蒜末、薑片、辣椒炒香，放入透抽圈拌炒一下。

3. 加入調味料燒開，改成中火煮至汁液微乾，起鍋前撒入九層塔拌勻即成。

22*
烤蒲燒鰻

Tips
若沒有清酒也可
以米酒取代。

| 材料 |

鰻魚5～6尾

| 調味料 |

清酒480c.c.、深色醬油480c.c.、糖200克

| 做法 |

1. 鍋中倒入清酒，以小火煮至收乾、酒精揮發為止。加入深色醬油、砂糖以中火煮約15分鐘至濃稠，製成醬汁。

2. 將鰻魚沾醬汁，放在火上面烤，重複沾醬與烤的動作3～4次即成。

YUMMY 100

23*
白灼鮮蝦

| 材料 |
活沙蝦300克、蔥2支、薑2片、酒1大匙

| 調味料 |
醬油1大匙、芥末醬1小匙

| 做法 |

1. 鍋中加入酒及500c.c.的水,放入蔥、薑煮滾。

2. 活沙蝦洗淨,丟入滾水中,燙約20秒至熟即成撈起食用。

3. 可搭配調味料食用。

24*
魚香茄子

| 材料 |

茄子300克、豬絞肉110克、蔥末1大匙、薑末1大匙、蒜末1大匙

| 調味料 |

A 辣豆瓣醬1大匙、酒1大匙

B 醬油3大匙、黑醋1大匙、糖1大匙、水60c.c.、太白粉1大匙

| 做法 |

1. 茄子洗淨去蒂，切成7公分長段，再剖成兩半，放入油鍋以七分熱的油炸軟，撈出後充分瀝乾油分。

2. 鍋燒熱，倒入3大匙油，爆香蔥末、薑末、蒜末，加入酒，放入絞肉炒散。

3. 續加入辣豆瓣醬炒香，倒入調味料**B**煮開，最後放入茄子燴炒一下即成。

25*
烤下巴

Tips
烤魚下巴的時間應視下巴大小而定，若買的魚下巴較大，烤的時間需久一點。

| 材料 |

紅魠魚下巴1個、檸檬1/6個

| 調味料 |

鹽適量

| 做法 |

1. 先將紅魠魚下巴洗淨，去掉魚鱗。烤箱預熱至180°C。

2. 魚下巴撒上適量的鹽，放入烤箱中烤10～15分鐘，食用時可擠些檸檬汁更加美味。

26 *
紅燒魚

| 材料 |
吳郭魚1尾（約600克）、辣椒2支、蔥2支

| 調味料 |
酒1大匙、醬油4大匙、糖1大匙、水360c.c.

| 做法 |

1. 吳郭魚洗淨後擦乾水分。

2. 辣椒、蔥切斜段。

3. 鍋燒熱，倒入2大匙油，放入吳郭魚以小火將兩面煎黃，加入調味料、辣椒、蔥段
   和360c.c.的水燒開，改轉小火，過程中需再翻面一次，燜煮至汁液微乾即成。

26

YUMMY
100

27 *
辣子雞丁

去骨雞胸肉1個、筍丁50克、太白粉1小匙、薑末1大匙、酒1大匙、辣豆瓣醬2大匙

|調味料|
A 醬油2大匙、酒1大匙、水120c.c.
B 醬油3大匙、糖1大匙、水60c.c.、太白粉1小匙

|做法|

1. 雞肉切小丁，以調味料 **A** 抓拌至水分被吸收，加入太白粉拌勻。

2. 鍋燒熱，倒入16大匙油（約2杯），加入雞丁過油至肉變成白色，撈出瀝乾油分。

3. 鍋中留下約3大匙油，爆香薑末，再加酒和辣豆瓣醬拌勻，再倒入調味料 **B** 燒
   開，放入雞肉丁、筍丁稍微拌炒即成。

27

Tips
照燒醬的做法是先準備味
酥3大匙、醬油5大匙、糖
1大匙,將這些材料全放
入碗中攪拌均勻,直至糖
完全溶解即成。

28*
照燒雞腿

| 材料 |
去骨雞腿1隻、香菇1朵、照燒醬適量

| 做法 |

1. 雞腿洗淨後用紙巾吸乾水分,倒入照燒醬醃30分鐘。香菇也蘸一
下照燒醬。

2. 烤箱先以180˚C預熱5分鐘,雞腿放進烤箱以中火烤8分鐘即成。

29 ✳
麻辣鴨血

| **材料** |

鴨血300克、酸菜20克、花椒粒10克、青蔥1支、蒜苗1支、大蒜3粒、辣椒2支、薑2片

| **調味料** |

A 辣豆瓣醬2大匙、糖2大匙、雞粉1大匙、高湯100c.c.
B 太白粉1大匙、水15c.c.

| **做法** |

1. 將鴨血洗淨切厚塊,浸泡在熱水中約2～3分鐘。

2. 青蔥洗淨切段,蒜苗洗淨切片;蒜頭剝皮切片,辣椒洗淨切斜片。

3. 鍋燒熱,倒入3大匙辣油,爆香大蒜、薑片、花椒粒及辣椒。

4. 加入酸菜、調味料 **A** 燜煮約3分鐘,再加入鴨血、青蔥、蒜苗片和調味料**B**快速炒勻即成。

30[*]
無錫排骨

│材料│

小排骨200克（約7～8塊）、醬油1大匙、西生菜1/4顆、青蔥2支、嫩薑1支、大蒜3粒、辣椒3支

│調味料│

A 蕃茄醬3大匙、醬油2大匙、酒1大匙、細砂糖1大匙、水800c.c.

B 鹽適量、黑胡椒粉適量

│做法│

1. 小排骨沖洗乾淨，以醬油醃約30分鐘。

2. 蔥切段、薑切片、辣椒切小段，大蒜保留整粒。

3. 鍋燒熱，倒入1/2鍋油，至約八分熱，放入醃過的小排骨炸至表皮酥脆。

4. 鍋燒熱，倒入3大匙油，爆香蔥薑蒜和辣椒，放入炸過的小排骨略為翻炒。倒入拌勻的調味料A，以大火煮至沸騰，轉小火慢煮25～35分鐘，待湯汁快收乾前，酌量加入鹽和黑胡椒粉後熄火。

5. 備一鍋水，加入少許鹽和油煮滾，加入西生菜片汆燙，取出瀝乾水分後放在盤子上，盛上排骨即成。

31*

糖醋排骨

|材料|

小排骨200克（約7～8塊）、鳳梨50克、青椒20克、洋蔥20克、太白粉1大匙（抹肉用）

|調味料|

A 蕃茄醬2大匙、白醋2大匙、細砂糖1/2大匙
B 鹽適量
C 太白粉1小匙、水45c.c.

|做法|

1. 小排骨放入滾水中燙除血水後撈起瀝乾，表面抹上太白粉。鳳梨切塊，青椒和洋蔥切片。

2. 鍋燒熱，倒入1/2鍋油，至約七分熱，放入小排骨炸至表面呈焦黃色，撈起瀝乾油分。青椒過油後撈出。

3. 鍋燒熱，倒入少許油，加入鳳梨塊拌炒，加入小排骨和調勻的調味料 **A**、青椒片和洋蔥片翻炒均勻。

4. 加鹽調味，入太白粉水勾薄芡。

32*
蒜苗臘肉

| 材料 |
臘肉1塊、青蒜2支、辣椒適量

| 調味料 |
醬油少許、糖少許、香油少許、酒少許

| 做法 |
1. 將臘肉放入水中煮熟,取出切薄片。

2. 青蒜切斜段,辣椒切片。

3. 鍋燒熱,倒入少許油,爆香臘肉,加入青蒜、辣椒片和調味料,以大火
   快炒,最後撒幾滴香油即成。

33*
蒜泥白肉

| 材料 |

豬肉300克、高麗菜適量、辣椒適量

| 調味料 |

蒜泥2大匙、醬油膏2大匙

| 做法 |

1. 豬肉放入鍋中煮熟，取出切大薄片；將全部肉片放入鍋中汆燙，撈起瀝乾水分。

2. 高麗菜和辣椒都切絲。

3. 取一盤子，鋪上高麗菜絲，放上肉片，將調味料調勻後淋在肉片上，搭配辣椒絲即成。

34*
花生豬腳

| 材料 |
豬腳300～350克、老薑1支、青蒜2支、可樂375c.c.、醬油10大匙、水1,000c.c.、
生花生仁120克

| 做法 |

1. 用菜刀將豬腳的表皮刮除乾淨，並將雜毛拔除，放入滾水中燙除血水，取出沖洗乾淨。薑切片，青蒜切段。

2. 鍋燒熱，爆香薑片和青蒜，放入豬腳炒至表面呈淡淡的焦黃色。將所有材料移入深鍋中，倒入可樂、醬油和水，蓋上鍋蓋以小火慢煮約80分鐘，放入花生仁再煮10分鐘即成熄火。

3. 熄火後蓋著鍋蓋續燜20分鐘。

34

Tips
蒸肉粉在一般超市就可以買得到，非常方便。

35*
粉蒸肉

| 材料 |
五花肉片130～150克、南瓜1個、蒸肉粉1包

| 調味料 |
大蒜2粒、醬油1大匙、豆瓣醬1大匙、酒1/2大匙、香油1/4小匙

| 做法 |

1. 南瓜去皮切片，大蒜切丁。

2. 醃料混合拌勻，放入五花肉片醃1個小時。

3. 醃好的肉片表面撒上蒸肉粉。

4. 將南瓜鋪在盤底，放五花肉片，連同盤子送入蒸鍋，以大火蒸15～20分鐘即成。

36*
豉汁排骨

| 材料 |
小排骨250克、辣椒少許、豆豉1大匙、芥藍菜50克

| 調味料 |
花椒粉1小匙、鹽適量、白胡椒粉適量、醬油1大匙、酒3大匙

| 做法 |

1. 小排骨放入滾水中燙除血水，撈起瀝乾水分，表面均勻抹上花椒粉、鹽和白胡椒粉，醃30分鐘使其入味。辣椒切絲。

2. 排骨表面抹上薄薄的太白粉。鍋燒熱，倒入1/2鍋油，至約七分熱，放入排骨炸至表面酥黃，撈起瀝乾油分。

3. 芥藍菜洗淨，切適當大小。鍋子中放入少許油，放入芥藍菜炒熟，加入少許鹽和酒調味，盛入盤中。

4. 鍋燒熱，倒入2大匙油，續入豆豉略炒，再入酒和醬油，放入炸過的排骨迅速翻炒，起鍋盛入芥藍菜即成。

37 *
紅燒獅子頭

| 材料 |

牛絞肉150克、豬絞肉150克、荸薺5～6個、白菜250克

| 調味料 |

A 太白粉1大匙、蒜泥1小匙、醬油1 1/2大匙、酒1大匙、鹽適量
B 豆瓣醬2大匙、醬油1大匙、黑醋1/2大匙、柴魚粉1/4小匙、細砂糖1小匙
C 太白粉約1/2大匙、水1/2大匙

| 做法 |

1. 白菜切大片。荸薺去皮洗淨拍碎、瀝乾水分，與絞肉混合攪拌摔打出泥。

2. 將絞肉糰與調味料**A**混合拌勻，分成每個約50克的小肉糰，捏成球狀，放電鍋內蒸約15分鐘。待肉丸涼後放入冰箱冷凍至少20～30分鐘，取出。

3. 鍋燒熱，倒入1/2鍋油，至約七分熱，放入肉丸炸至表面呈焦黃色，撈起瀝油分。

4. 鍋燒熱，倒入3大匙油，先放入豆瓣醬略炒，加入白菜及調味料**B**的其他料翻炒至白菜變軟，加300c.c.水，續入肉丸，轉小火慢慢燜煮，待湯汁滾即熄火，蓋上鍋蓋再燜至少30分鐘。

5. 取一深鍋，將白菜鋪在盤底，肉丸放在白菜上，湯汁加熱以太白粉水勾芡，淋在肉丸上即成。

38*
回鍋肉

|材料|
長條五花肉375克、豆干3片、青椒1個、青蒜1支、辣椒1支、豆豉2小匙

|調味料|
酒1大匙、甜麵醬1大匙、醬油2大匙、糖1大匙、水60c.c.

|做法|

1. 五花肉洗淨,放入滾水煮熟,撈出放涼後切薄片,入油鍋中炸至兩面都呈焦黃。

2. 豆干洗淨切片,放入熱油中煎黃;青椒洗淨切滾刀塊,放入滾水中汆燙;青蒜和辣椒都切斜片。

3. 鍋燒熱,倒入2大匙油,炒香辣椒、青蒜、豆豉,加入調味料煮開,放入肉片、豆干和青椒拌勻即成。

YUMMY
100

39*
客家小炒

| 材料 |
五花肉150克、乾魷魚1/2隻、五香豆干2片、蔥2支、辣椒2支

| 調味料 |
酒1大匙、醬油膏3大匙、胡椒粉少許

| 做法 |
1. 五花肉洗淨切厚粗條；豆干洗淨切1公分厚片，蔥、辣椒切段。

2. 乾魷魚泡水5分鐘後撈起剪成粗條，放入七分熱的油鍋中泡至外表起泡立即撈出，瀝乾油分。

3. 鍋燒熱，倒入少許油，放入五花肉與豆干分別煸炒至呈金黃色，加入辣椒與蔥段拌炒，倒入酒，放入魷魚與調味料拌勻即成。

40*
辣椒肉絲炒豆干

| 材料 |
瘦肉60克、豆干3片、蔥1支、辣椒1支

| 調味料 |
醬油1大匙、糖1/2小匙、鹽少許

| 做法 |

1. 將瘦肉、豆干、蔥、辣椒全部切絲。

2. 鍋燒熱，倒入少許油，放入肉絲炒香，加入豆干翻炒。

3. 加入調味料，放入蔥絲和辣椒絲炒至入味即成。

41 *****

五更腸旺

| 材料 |
大腸40克、鴨血100克、辣椒1支、水200c.c.、蔥1支、蒜苗1支、辣椒醬1大匙

| 調味料 |
A 鹽適量
B 太白粉約1/2大匙、水8c.c.

| 做法 |

1. 大腸翻面先以1大匙麵粉搓揉，用水沖刷後再用1大匙白醋搓揉，最後用大量水洗淨，放入滾水中煮熟，撈起切斜段。

2. 鴨血切薄塊，蒜苗切片，辣椒切小段，蔥切段。

3. 鍋燒熱，倒入少許油，放入辣椒醬略炒，加入大腸翻炒均勻，倒入200c.c.水煮至沸騰，加鹽調味；待湯汁快收乾前，倒入太白粉水勾芡，撒上蔥段、蒜苗片略炒即成。

42 ✱
薑絲炒大腸

| 材料 |
大腸300克、嫩薑絲120克、麵粉適量、鹽適量

| 調味料 |
白醋4大匙、鹽1/2小匙、糖1/2小匙

| 做法 |

1. 大腸翻面以1大匙麵粉搓揉，用水沖刷後再用1大匙白醋搓揉，最後用大量水洗淨，放入滾水中煮熟，撈起切小塊。

2. 鍋燒熱，倒入4大匙油，放入薑絲、大腸以大火快炒，倒入調味料，蓋上鍋蓋燜煮1分鐘，煮至大腸微漲即成。

43*
蠔油牛肉

|材料|
牛肉450克、蔥1支、薑3片、香菇適量、胡蘿蔔適量

|醃肉料|
蘇打粉1/2小匙、太白粉1 1/2大匙、糖1小匙、醬油1大匙、水30c.c.

|調味料|
蠔油1 1/2大匙、水15c.c.、糖1小匙、太白粉1/2小匙、香油1/2小匙

|做法|

1. 牛肉切成薄片，放入醃肉料中醃約30分鐘以上，香菇切片，胡蘿蔔切片

2. 鍋燒熱，倒入3杯油，放入牛肉泡熟後立刻取出。

3. 鍋燒熱，倒入2大匙油，爆香蔥、薑，加入牛肉、香菇片、胡蘿蔔片和調
   料，以大火拌炒均勻即成。

YUMMY
100

44*
黑胡椒牛肉

| 材料 |
牛里肌300克、洋蔥180克、青椒100克、辣椒1支、太白粉1小匙

| 調味料 |
A 酒1大匙、水120c.c.、醬油2大匙
B 醬油1大匙、鹽1/2小匙、雞粉1/3小匙、粗黑胡椒粉1大匙

| 做法 |
1. 洋蔥、青椒切粗絲，牛肉洗淨後切成大拇指寬的粗條，辣椒切段，加入調味料 **A** 拌抓至水分被吸收，加太白粉拌勻。

2. 鍋燒熱，倒入2杯油，放入牛肉過油至顏色轉白，撈出瀝乾油分。

3. 鍋中約留下3大匙油，燒熱後放入洋蔥絲炒軟，續入青椒、辣椒，加調味料 **B** 和牛肉拌勻即成。

45

沙茶牛肉

Tips
泰式辣醬在一般超
市的泰國食品區內
買得到。

| 材料 |
牛肉片200克、太白粉1大匙、辣椒3～4支、蔥少許

| 調味料 |
沙茶醬1/2大匙、泰式辣醬1小匙、蒜泥1/4小匙、黑胡椒粉1/4小匙、
水45c.c.、香油1/4小匙

| 做法 |

1. 將牛肉片表面抹上太白粉；辣椒去籽切段，蔥切段；調味料混合
   均勻。

2. 鍋燒熱，倒入少許油，放入已混勻的調味料，爆香辣椒絲，加入
   牛肉片、蔥段快速翻炒，至熟盛盤即成。

46 *

蔥爆牛肉

| 材料 |
牛肉絲500克、蔥3支、辣椒1支

| 調味料 |
醬油1大匙、糖2/3大匙、甜麵醬2大匙、太白粉1大匙

| 做法 |

1. 蔥洗淨後切段，辣椒切段，調味料拌勻。

2. 牛肉絲加入調味料醃約10分鐘。

3. 鍋燒熱，倒入少許油，放入牛肉絲過油約5秒鐘至半熟，撈起瀝乾油分。

4. 原炒鍋，留下約1大匙油，放入蔥段、辣椒爆炒1分鐘。

5. 再放入牛肉絲，快速拌炒10秒鐘即成。

47*
香煎牛排

| 材料 |
牛小排4片、洋蔥100克、薑2片、大蒜2粒、芹菜1支、胡蘿蔔少許

| 調味料 |
A 酒1大匙、醬油1大匙、蘇打粉1/2大匙、糖1小匙、水45c.c.
B 黑胡椒醬適量、麵粉水（麵粉1/2小匙加水1/2小匙調勻）

| 做法 |
1. 牛排洗淨，洋蔥取50克切絲，另50克切碎。

2. 調味料A拌勻，放入洋蔥絲和牛排，加入薑片、蒜和芹菜一起醃1個小時使其入味。

3. 鍋燒熱，加少許油爆香碎洋蔥，加入黑胡椒醬拌炒，以麵粉水略微勾芡，製成牛排醬。

4. 平底鍋燒熱，倒入2大匙油，放入醃好的牛排，以小火煎2～3分鐘，反過來將另一面煎熟。

5. 取一盤子，放上牛排和洋蔥絲，食用時淋上適量的牛排醬。

48*
滷牛肉

| 材料 |
牛腱心1,800克、辣椒2支、薑6片

| 香包材料 |
丁香5分、山奈1錢、白豆蔻1錢、陳皮1錢、桂皮1錢、大茴香1錢、小茴香1錢、甘草1錢、花椒1錢

| 調味料 |
醬油3杯、冰糖4大匙

| 做法 |

1. 牛腱心入滾水汆燙，去除血水及泡沫，洗淨。

2. 將香包材料用紗布包裹，放入鍋中，加入水蓋過香包材料，放入辣椒、薑片和調味料煮開，加入牛腱心，等水沸後轉成中小火，約滷90分鐘後熄火，放於鍋內不動浸泡一晚使其入味，第二天牛腱心放涼後取出切成片。

簡單&爽口

夏天吃不下飯怎麼辦？來盤做法簡單的自製涼拌小菜或快炒青菜，吃下肚後清脆爽口沒有負擔，嚴重缺乏食慾的夢魘不再來臨。

YUMMY

00

50*
生菜蝦鬆

| 材料 |

蝦仁450克、香菇3朵、生菜10片、芹菜20克、油條2條、蔥末1小匙、薑末1小匙、辣椒末1小匙、荸薺5粒

| 調味料 |

鹽1/2小匙、柴魚粉1小匙、胡椒粉少許

| 做法 |

1. 蝦仁抽去腸泥，洗淨擦乾水分，切成小丁。

2. 香菇泡軟切小丁，荸薺切小丁，芹菜去葉切末。

3. 油條回鍋炸至酥脆，壓碎鋪在盤中。

4. 鍋燒熱，倒入6大匙油，放入蝦仁丁過油至變色取出。

5. 餘油入蔥末、薑末、辣椒末炒香，再入香菇丁、芹菜末拌炒至香味溢出，加入荸薺丁炒熟，放入調味料拌勻，盛放於油條上。

6. 食用時，以生菜包裹，爽脆可口。

49*
毛豆蝦仁

| 材料 |

蝦仁50克、毛豆40克

| 調味料 |

鹽少許、柴魚粉少許

| 做法 |

1. 毛豆先以水煮熟，撈起備用。

2. 鍋燒熱，倒入1小匙油，再加入蝦仁、毛豆續炒至熟，最後稍微調味即成。

52 ✳

乾燒蝦仁

| 材料 |
蝦仁180克、蔥末2大匙、薑末1大匙

| 醃料 |
蛋白1個、酒1小匙、鹽1小匙、太白粉1 1/2大匙

| 調味料 |
油1,000c.c.、蕃茄醬2大匙、辣油1大匙、鹽1/2
小匙、糖1/2小匙、清湯45c.c.、太白粉2小匙、
香油1小匙

| 做法 |

1. 蝦仁洗淨後瀝乾水分,以乾布包裹吸收水
   分後放入容器裡,加入醃料稍拌勻,醃約
   30分鐘以上。

2. 鍋燒熱,倒入1000c.c.油燒至五分熱,
   放入蝦仁以大火泡炸,炸至蝦仁變白色後
   取出瀝乾油分,鍋中的油也要全部倒出。

3. 原鍋內倒入2大匙油燒熱,放入蔥末、薑
   末爆香,續入蕃茄醬炒,再倒入清湯、
   鹽、糖煮,以太白粉水勾芡,加入蝦仁,
   淋上辣油、香油拌勻即成。

51 ✳

芹菜炒花枝

| 材料 |
花枝2隻、芹菜600克、辣椒少許、大蒜1粒

| 調味料 |
鹽適量

| 做法 |

1. 材料洗淨。花枝切條或圈,芹菜切
   段,辣椒切斜片,大蒜切片。

2. 鍋燒熱,倒入少許油,先入辣椒片、
   蒜片,再放花枝炒一下,加入芹菜炒
   至熟,最後調味即成。

53* 銀芽雞絲

| 材料 |
去骨雞胸肉1/2副、銀芽300克、辣椒絲少許、香菜少許

| 醃料 |
蛋白1個、太白粉1小匙

| 調味料 |
鹽1/2小匙、雞粉1/2小匙

| 做法 |

1. 銀芽洗淨瀝乾水分,雞胸肉切細絲後加入醃料拌勻。

2. 鍋燒熱,倒入2杯油燒至七分熱,放入雞絲過油至顏色轉白後撈出,瀝乾油分。

3. 鍋燒熱,倒入3大匙油,放入銀芽以大火快炒一下,續入雞絲、辣椒絲及調味料拌勻,放上香菜即成。

54* 雞絲拉皮

| 材料 |
去骨雞胸肉1/2副、粉皮2張、小黃瓜30克、辣椒少許、香菜少許

| 調味料 |
A 芝麻醬2大匙、冷高湯或冷開水60c.c.
B 醬油1大匙、糖1大匙、白醋1大匙、香油2大匙

| 做法 |

1. 雞胸肉蒸熟後剝粗絲,小黃瓜切細條,辣椒切絲。

2. 取一盤子,將粉皮切成粗條後鋪於盤底,再將雞絲放在粉皮上。

3. 將調味料 A 調勻。

4. 將調味料 B 與 A 拌勻,然後淋在雞絲粉皮上拌勻,再以辣椒、香菜點綴即成。

Tips
粉皮在傳統菜市場裡買得到。

56*

酸菜炒肉絲

| 材料 |

酸菜120克、瘦肉40克、生薑2片、辣椒少許、
蔥少許

| 調味料 |

醬油1 1/2大匙、糖1 1/2大匙

| 做法 |

1. 酸菜洗淨後泡水2小時以上，瀝乾水分後
   切成絲，炒乾。

2. 瘦肉切絲，薑切末，辣椒切絲，蔥切段。

3. 鍋燒熱，倒入少許油，先放入蔥段、辣椒
   和薑末爆香再入瘦肉，續加酸菜及調味料
   稍微炒一下即成。

55*

丁香花生

| 材料 |

丁香魚120克、去皮花生70克、辣椒1支、蔥1支

| 調味料 |

醬油少許、糖少許

| 做法 |

1. 丁香魚、辣椒、蔥洗淨；蔥切段，辣椒
   去籽切絲。

2. 鍋燒熱，倒入少許油，爆香蔥，續入丁
   香魚、辣椒以大火迅速炒一下。

3. 加入調味料繼續炒，然後放入花生炒一
   下即成。

58 ✳

雪菜肉絲

| 材料 |
豬肉絲55克、雪裡紅100克、辣椒2支、大蒜2粒

| 調味料 |
醬油1/2大匙、鹽適量

| 做法 |

1. 雪裡紅洗淨，擰乾水分後切丁；辣椒切絲，大蒜切丁。

2. 鍋燒熱，倒入少許油，爆香大蒜和辣椒，續入豬肉絲翻炒，再放入雪裡紅拌炒，最後加入醬油和鹽調味即成。

57 ✳

培根炒高麗菜

| 材料 |
高麗菜1顆、培根5片、大蒜4粒、辣椒少許

| 調味料 |
鹽2大匙、酒2大匙、胡椒粉1小匙

| 做法 |

1. 高麗菜洗淨後切片，培根切片，大蒜去皮切片，辣椒切絲。

2. 鍋燒熱，倒入3大匙油，以中大火爆香培根、蒜片和辣椒絲，續入鹽拌勻後，改大火加入高麗菜迅速拌炒至變色，淋上酒後改中火加蓋燜煮1分鐘，開蓋後倒入胡椒粉炒勻即成。

59 ✱
芥藍炒牛肉

| 材料 |
牛里肌肉225克、芥藍菜300克、蒜末1大匙、辣椒1支

| 調味料 |
A 酒1大匙、小蘇打粉1/2小匙、水60c.c.、
　太白粉1小匙
B 鹽1/2小匙、雞粉1/2小匙

| 做法 |
1. 牛肉切成0.5公分薄片，與調味料 A 拌勻。辣椒切片。

2. 芥藍菜去除硬梗與老葉，洗淨後切成寸段，將梗部與葉子分開。

3. 鍋燒熱，倒入2杯油燒至七分熟，放入牛肉過油片刻馬上取出。

4. 原鍋中留4大匙油，爆香蒜末及辣椒片，續入芥藍菜梗拌炒一下，再加入葉子拌炒至熟，入調味料 B 即成。

60 ✱
青椒牛肉

| 材料 |
牛肉150克、青椒2個、蔥1支、薑絲1/2大匙

| 醃肉料 |
醬油1大匙、水2大匙 太白粉1小匙、沙拉油1大匙

| 調味料 |
醬油1大匙、糖1/2小匙、胡椒粉適量

| 做法 |
1. 牛肉橫切絲，拌入醃肉料醃一下。

2. 青椒去籽後直切絲，蔥切段。

3. 鍋燒熱，倒入3大匙油燒至六分熟，放入牛肉炒散後盛起。繼續將鍋中的餘油燒熱，爆香蔥、薑，續入青椒炒軟，最後加入調味料及牛肉炒勻即成。

61 涼拌小黃瓜

| 材料 |
小黃瓜2條、辣椒適量、大蒜2粒
| 調味料 |
白醋1小匙、鹽1小匙、糖1小匙、柴魚粉少許、香油少許

| 做法 |

1. 小黃瓜切成條狀，辣椒切斜片狀，大蒜切碎。

2. 取一碗，放入小黃瓜、辣椒、大蒜、調味料拌在一起，醃約10分鐘即成，也可以放入冰箱冷藏半天後再吃。

YUMMY 100

63 涼拌苦瓜

| 材料 |
綠苦瓜1/2條、沙拉醬4大匙、辣椒絲少許
| 調味料 |
芥末醬1小匙、糖1/2小匙、柴魚醬油1大匙

| 做法 |

1. 苦瓜洗淨對剖兩半、去籽，再切對半，用銳利小刀除去白色內囊。

2. 將苦瓜切斜薄片，泡入冷開水中，放入冰箱冷藏至呈透明狀。

3. 苦瓜取出完全瀝乾水分裝盤，撒上辣椒絲。

4. 調味料與沙拉醬調勻，即成沾食。

62 涼拌芝麻菠菜

| 材料 |
菠菜300克、熟白芝麻1大匙
| 調味料 |
鹽1/2小匙、柴魚粉1/2小匙、香油3大匙

| 做法 |

1. 菠菜去老葉及硬梗，洗淨切小段。

2. 取一鍋，加入水燒開，加入鹽1小匙，先放入菠菜的梗部再入葉部，燙煮2分鐘。

3. 撈出瀝乾水分，加入調味料及芝麻拌勻即成。

64 涼拌土豆干絲

| 材料 |
干絲60克、胡蘿蔔30克、熟花生仁50克、香菜少許
| 調味料 |
鹽2小匙、香油3小匙、辣油1小匙

| 做法 |

1. 干絲洗淨，胡蘿蔔洗淨後削皮切成細條。

2. 取一鍋，加入水燒開，放入干絲煮3分鐘，撈出放入冷開水中浸泡，瀝乾水分放入盤中。

3. 胡蘿蔔絲放入熱水中汆燙，取出放涼，拌入干絲、花生仁，加入調味料拌勻，以香菜點綴即成。

65 韓式泡菜

| 材料 |
大白菜1顆、蘿蔔200克、蔥1支、香菜1小束
| 調味料 |
A 鹽2小匙　　B 丁香魚乾50克、水500c.c.
C 鹽1小匙、辣椒粉2大匙、蜂蜜1大匙、蒜末1小匙

| 做法 |
1. 大白菜洗淨切大塊狀；蘿蔔切絲，一起加入調味料A醃約1
   個小時至軟，瀝乾水分。

2. 丁香魚乾放入水中煮約20分鐘，至魚乾味釋出，撈除丁香
   魚，待涼加入調味料C攪拌均勻。

3. 蔥、香菜切小段，與其他所有材料及調味料混合拌勻，放
   入容器中，以保鮮膜密封，貯放於陰涼處約2～3天即成食
   用。

67 涼拌海蜇皮

| 材料 |
海蜇皮150克、洋菜1/2條、小黃瓜80克、胡蘿蔔30克
| 調味料 |
鹽1/2小匙、柴魚粉1/2小匙、香油3大匙

| 做法 |
1. 海蜇皮泡水，反覆換水約3次，浸泡至其漲大。

2. 取一鍋，加入水燒開後再倒入1碗冷水（變成八分熱的水），
   放入海蜇皮汆燙一下，立刻撈出再泡入冷水中直至其再漲大。

3. 洋菜切小段，放入冷開水中泡漲，取出擠乾水分。

4. 小黃瓜切條，胡蘿蔔切絲，一起加少許鹽拌醃使之軟化，再
   將滲出的苦水倒掉。

5. 將蜇皮絲、洋菜絲、小黃瓜條、胡蘿蔔絲混合，再放入調味
   料拌勻即成。

66 五香毛豆莢

| 材料 |
毛豆莢250克、八角3粒、小蘇打粉1/2小匙
| 調味料 |
A 鹽1大匙
B 鹽1/2小匙、香油1大匙、粗黑胡椒粉1大匙

| 做法 |
1. 毛豆莢以水洗淨。

2. 取一鍋，加入水720c.c.燒開，加入八角、調味料A及小
   蘇打粉，放入毛豆莢煮2分鐘，取出漂涼。

3. 瀝乾的毛豆莢加入調味料B拌勻即成。

68 佃煮牛蒡

| 材料 |
牛蒡500克、醋2大匙、水1,000c.c.、白芝麻適量
| 調味料 |
水1,000c.c.、醬油10大匙、味醂10大匙、酒6 2/3大匙、
糖4大匙

| 做法 |
1. 牛蒡去掉外皮，切4～5公分長段。取一容器，倒入醋2大
   匙、水1,000c.c.，將牛蒡放入其中浸泡以去除澀味，泡約
   5分鐘即成撈出。

2. 取一深鍋，倒入調味料，再放入牛蒡，蓋上一張錫箔紙，
   開大火煮開後再轉中火煮，慢慢煮至牛蒡入味，湯汁變濃稠。

3. 取一盤子，放入牛蒡，再撒上白芝麻即成。

69 * 開陽白菜

| 材料 |
卷心大白菜1顆、蝦米（開陽）2大匙、香菇20克、胡蘿蔔20克
| 調味料 |
鹽1小匙、雞粉1/2小匙、太白粉1小匙、水少許、香油1大匙

| 做法 |

1. 蝦米泡軟後撈起瀝乾水分，香菇和胡蘿蔔都切片。

2. 卷心白菜對剖成兩半，切去中間硬莖後切成小片，洗淨瀝乾水分。

3. 鍋燒熱，倒入4大匙油，爆香蝦米，續入大白菜、香菇和胡蘿蔔拌炒一下，再以鹽、雞粉調味，續燜煮至白菜軟化，將太白粉調水勾薄芡後加入，最後淋上香油即成。

71 * 豆腐乳空心菜

| 材料 |
空心菜300克、蒜末1大匙
| 調味料 |
豆腐乳醬1大匙、鹽1/3小匙

| 做法 |

1. 空心菜摘除老梗，以水洗淨後切段。

2. 鍋燒熱，倒入4大匙油，爆香蒜末，續入空心菜，以大火快炒空心菜至熟，最後加入調味料拌勻即成。

70 * 乾煸四季豆

| 材料 |
四季豆300克、蝦米2大匙、蔥1支、辣椒1支、大蒜2粒
| 調味料 |
醬油1大匙、糖1小匙

| 做法 |

1. 四季豆撕去頭尾和老筋，以清水洗淨後切長段；蝦米泡軟，大蒜剝去外皮後拍碎，蔥和辣椒切末。

2. 鍋燒熱，倒入4杯油，放入四季豆炸酥後馬上取出，瀝乾油分。

3. 鍋中留下約油1大匙燒熱，放入大蒜、蝦米爆香，加入調味料和四季豆炒，最後撒上蔥和辣椒。

72 * 炒山蘇

Tips

1. 將高湯上的浮油撈後即是去油高湯。
2. 山蘇現在在傳統市裡可以買到。

| 材料 |
山蘇600克、胡蘿蔔20克、大蒜1粒、破布子（樹子）適量
| 調味料 |
去油高湯480c.c.、鹽1/2小匙、酒1小匙

| 做法 |

1. 山蘇去掉老葉，洗淨後切長片，胡蘿蔔切細條，大蒜切片。

2. 取一鍋，加入水燒開，入山蘇汆燙2分鐘，撈出用冷水沖涼。

3. 鍋燒熱，倒入少許油，爆香大蒜片，續入破布子、山蘇、胡蘿蔔條以大火翻炒幾下，再倒入調味料稍微翻炒即成。

73* 苦瓜鹹蛋

| 材料 |
苦瓜1條、鹹蛋2個、蔥少許、辣椒少許
| 調味料 |
味精少許

| 做法 |

1. 苦瓜切片後去籽，放入開水中煮熟後撈起瀝乾水分。

2. 鹹蛋切約1公分的小丁，蔥、辣椒切段。

3. 鍋燒熱，倒入少許油，爆香蔥段、辣椒段，續入苦瓜和鹹蛋約炒30秒鐘，以味精調味即成。

75* 青椒皮蛋

| 材料 |
皮蛋2個、青椒1個、蒜末適量、辣椒段適量
| 調味料 |
A 醬油適量、白醋適量、糖適量、柴魚粉適量、香油適量
B 太白粉適量、麵粉適量

| 做法 |

1. 將皮蛋切成塊後加入調味料 B。

2. 起油鍋，放入皮蛋炸熟。青椒過油後取出切塊。

3. 將調味料 A 調勻。

4. 鍋燒熱，倒入少許油，放入青椒、皮蛋、辣椒和調味料 A 略炒一下後起鍋。

74* 皮蛋豆腐

| 材料 |
盒裝嫩豆腐1盒、皮蛋1個、柴魚片少許、蔥花2大匙
| 調味料 |
香油1大匙、醬油膏3大匙

| 做法 |

1. 豆腐切塊裝盤。

2. 皮蛋剝去外皮，以利刀或線對半切開，放於豆腐上。

3. 撒上柴魚片、蔥花，淋入調味料即成拌食。

76* 三色蛋

| 材料 |
雞蛋4個、皮蛋1個、鹹蛋1個、香菜少許
| 調味料 |
鹽1/4小匙、白胡椒粉少許、太白粉1/2小匙、水1/2小匙

| 做法 |

1. 雞蛋打成蛋液；皮蛋、鹹蛋去殼切塊後加入雞蛋液中，攪拌均勻。

2. 備一只如便當盒大小的容器，底層鋪上保鮮膜，徐徐倒入三色蛋液，最上方再覆蓋一層保鮮膜，放入蒸籠以中火蒸約20分鐘後取出。

3. 待三色蛋涼透後切片排盤即成食用。

YUMMY 100

77 空心菜炒皮蛋 ✱

| 材料 |
空心菜300克、皮蛋2個、蒜末3大匙、辣椒少許
| 調味料 |
酒2大匙、鹽1/2小匙、糖1/2小匙

| 做法 |

1. 空心菜摘除老葉,以水洗淨後切段;辣椒切段。

2. 皮蛋剝去外殼,切成小塊。

3. 鍋燒熱,倒入5大匙油,爆香蒜末、辣椒,續入皮蛋拌炒一下後加入空心菜炒熟,最後加入調味料即成。

79 蝦仁烘蛋 ✱

| 材料 |
蝦仁120克、蛋6個、熟青豆仁15克、胡蘿蔔15克、玉米粒15克、鹽少許(搓蝦仁用)
| 調味料 |
鹽1小匙、白胡椒粉少許、水60c.c.

| 做法 |

1. 蝦仁去腸泥,以少許鹽抓洗後擦乾水分;胡蘿蔔切丁。

2. 將蛋打散,加入調味料及其他材料混合拌勻。

3. 平底鍋燒熱,倒入4大匙油,再倒入蔬菜蝦仁蛋汁煎成厚圓片,轉小火蓋上鍋蓋燜約3分鐘,翻面,繼續燜到蛋液凝固且表面呈金黃色,取出切片即成。

78 蕃茄炒蛋 ✱

Tips
1. 柴魚高湯可用柴魚粉加水調和使用。
2. 淡色醬油、味醂在松青、頂好等超市,以及百貨公司裡的日系超市都買得到。

| 材料 |
紅蕃茄2個、蛋3個
| 調味料 |
鹽1/2小匙、雞粉1/2小匙

| 做法 |

1. 蕃茄以水洗淨去蒂頭,切成小塊。

2. 取一碗,將蛋打入後攪散。

3. 鍋燒熱,倒入4大匙油,放入蕃茄炒至微軟,再倒入蛋汁翻炒至快凝固時,加入調味料炒勻。

80 溫泉蛋 ✱

| 材料 |
蛋4顆
| 調味料 |
柴魚高湯100c.c.、味醂1大匙、醬油1大匙、柴魚片適量、蔥花1小匙、海苔絲適量

| 做法 |

1. 取一鍋子,倒滿水,放入洗乾淨的蛋,續入少許鹽煮。

2. 將溫度計放在鍋邊,待鍋中水溫升至65℃後持續維持在65℃(以小火維持溫度)再煮12分鐘。

3. 將蛋撈起,放入冰箱冷藏室中降溫。

4. 將柴魚高湯、味醂、醬油、柴魚片放入同一鍋中,煮開後放涼再放入冰箱即成醬汁。

5. 取一容器,將蛋打後倒入醬汁,最後撒點蔥花、海苔絲即成。

81 *
XO醬炒芥藍

| 材料 |
芥藍菜200克、XO醬1大匙、大蒜3粒

| 調味料 |
鹽適量、黑胡椒粉適量

| 做法 |

1. 芥藍菜放入水中汆燙後撈起，立刻放入冰水中浸泡；大蒜切片。

2. 鍋燒熱，倒入少許油，爆香大蒜，續入XO醬炒勻，再放芥藍菜快速翻炒後，最後加入調味料即成。

83 *
蛤蜊絲瓜

| 材料 |
蛤蜊300克、絲瓜600克、大蒜1粒、蔥絲適量

| 調味料 |
鹽1/2小匙、雞粉1/2小匙

| 做法 |

1. 清水加少許鹽拌勻，將蛤蜊浸入鹽水中靜置約半天，以利吐沙。

2. 絲瓜以水洗淨刨去外皮，切成滾刀塊；大蒜剝去外膜，切薄片。

3. 鍋燒熱，倒入3大匙油，爆香蒜片、蔥絲，續入絲瓜及蛤蜊拌炒一下，加水60c.c.燜至絲瓜熟軟、蛤蜊微開，最後加調味料拌勻即成。

82 *
炒酸菜

| 材料 |
酸菜200克、辣椒1支、大蒜1粒

| 調味料 |
酒1大匙、醬油2大匙、糖1大匙、胡椒粉適量

| 做法 |

1. 酸菜先洗淨，切絲後再擠乾水分。辣椒和大蒜都切末。

2. 鍋燒熱，倒入2大匙油，放入辣椒末、蒜末以中小火炒香，續入酸菜炒，炒乾多餘的水分。

3. 加入調味料再炒一下即成。

84 *
豆苗蝦仁

| 材料 |
蝦仁150克、豆苗250克

| 調味料 |
A 鹽1/4小匙、太白粉1/4小匙、蛋1/3個
B 鹽1/2小匙、雞粉1/2小匙、酒1大匙

| 做法 |

1. 蝦仁去腸泥，從背部劃開一刀，以少許鹽抓洗後擦乾，加入調味料A醃。

2. 豆苗洗淨瀝乾水分。

3. 鍋燒熱，倒入6大匙油，放入蝦仁過油至變色後撈出。餘油加熱後倒入豆苗以大火快炒至軟，淋入酒，加入鹽和雞粉拌勻。

4. 取一盤子，先放豆苗再放蝦仁即成。

就是要吃飽

滿桌好菜怎麼能少得了能吃得飽的飯、麵和粥，不管你是要營養滿點的南瓜飯、鄉土口味的滷肉飯、雞絲飯，還是南洋風十足的海南雞飯，一本食譜輕鬆搞定！

UMMY

85*
鳳梨炒飯

| 材料 |
白飯480克、培根60克、雞蛋2個、毛豆仁30克、胡蘿蔔30克、罐頭鳳梨60克、肉鬆20克

| 調味料 |
鹽1小匙、醬油1小匙、黑胡椒粉1小匙

| 做法 |

1. 培根切丁，雞蛋打散，胡蘿蔔切丁，鳳梨切丁。

2. 鍋燒熱，倒入3大匙油，待油熱後放入蛋汁炒熟，盛出備用。

3. 原油鍋加入2大匙油燒熱，放入培根炒香，續入毛豆仁、胡蘿蔔丁及鳳梨
   丁拌炒1分鐘，再放入白飯、蛋、調味料翻炒均勻，盛入盤內，撒上少許
   肉鬆。

86*
南瓜飯

【材料】

白米2杯、南瓜200克、蝦米20克、冬菜10克

【做法】

1. 將南瓜皮刷淨，對切後去除南瓜籽，再連皮一起切小塊。

2. 將蝦米放入冷水中浸泡至軟切碎；冬菜沖洗後擠乾水分亦切碎。

3. 白米洗淨瀝乾，加入2杯水浸泡30分鐘，放入蝦米、冬菜稍拌一下，再加入南瓜塊，以電鍋煮至開關跳起即成。

87*
蛋包飯

| 材料 |

白飯3/4碗、蛋1個、蝦仁少許、蕃茄醬1大匙

| 調味料 |

A 太白粉1/4小匙、水5c.c.
B 鹽1/2小匙、蕃茄醬2大匙

| 做法 |

1. 蝦仁背部劃一刀紋,抽去腸泥,洗淨擦乾水分。

2. 蛋打散,加入調味料 **A** 拌勻。

3. 起油鍋,加入2大匙油,續入蝦仁、白飯拌炒,再加入調味料 **B** 拌勻,即是紅飯。

4. 平底鍋燒熱,抹上一層薄薄的油,倒入做法**2.**的蛋液,讓蛋液流成圓片狀,待蛋汁快凝固時,將紅飯放入蛋皮的一端,另一端的蛋皮反折覆蓋即成。

5. 食用時,可擠入蕃茄醬或甜辣醬。

YUMMY 100

88[*]
咖哩飯

| 材料 |

雞肉200克、白飯3碗、洋蔥200克、馬鈴薯200克、胡蘿蔔50克、水720c.c.

| 調味料 |

咖哩塊100克、鹽少許

| 做法 |

1. 將除了白飯之外的材料全部切成塊。

2. 鍋燒熱，倒入3大匙油，放入除了白飯之外的所有材料炒熱。

3. 加入720c.c.水，待煮沸後舀掉上層浮沫，然後持續煮至材料變軟。

4. 熄火加入咖哩塊，改以極小火煮成糊狀，淋在白飯上即成。

89*
雞絲飯

|材料|
白飯4碗、雞胸肉1/2副、雞骨1個、香菜少許、醃黃蘿蔔1塊

|調味料|
A 鹽1/2大匙
B 紅蔥頭末2大匙、高湯240c.c.、醬油2大匙、糖1小匙

|做法|
1. 取一深鍋，倒入960c.c.水，放入雞骨以中火煮沸後取出，用冷水將附著於骨頭上的血膜沖洗乾淨。

2. 深鍋內另放入720c.c.水，放入雞骨以小火熬煮約1個小時，續入雞胸肉煮10分鐘至熟，加入調味料**A**後熄火，待雞胸肉冷卻後取出撕成細絲，鋪於白飯上。

3. 鍋燒熱，倒入2大匙油，爆香紅蔥頭末，倒入高湯、醬油和糖，以小火熬煮5分鐘即成澆淋於雞肉絲上。

4. 吃時可搭配醃黃蘿蔔塊。

90*
滷肉飯

Tips
一次做大量的滷肉
料最方便，吃不完
的可以冰在冰箱。

| **材料** |
白飯10碗、五花肉600克、紅蔥頭5粒、醃黃蘿蔔1塊

| **調味料** |
五香粉1/2小匙、鹽1/2大匙、醬油1/2碗、水1,440c.c.、糖1大匙、八角2粒

| **做法** |

1. 五花肉切成1公分的小肉塊，紅蔥頭剝皮切末。

2. 鍋燒熱，倒入2大匙油，爆香紅蔥頭，續入五花肉塊拌炒至肉變色出油，加五香粉翻炒均勻，再加入醬油、糖、水及八角，以小火熬煮2個小時即成。

3. 取適量做法**2.**淋在白飯上，吃時可搭配醃黃蘿蔔塊。

| 材料 |
白飯4碗、鹹鮭魚1小塊、雞胸肉1/2副、蔥花1大匙

| 調味料 |
鹽少許、胡椒粉少許、水60c.c.、太白粉1小匙

鹹魚雞粒炒飯

| 做法 |

1. 鹹鮭魚去皮，切碎成小丁。

2. 雞胸肉切小丁，加入調味料拌勻。

3. 起油鍋，倒入6大匙油，快炒雞丁至顏色轉白撈出，餘油入鮭魚丁炒熟，加入白飯
   拌炒片刻，再入雞丁一起拌勻，起鍋前撒入蔥花即成。

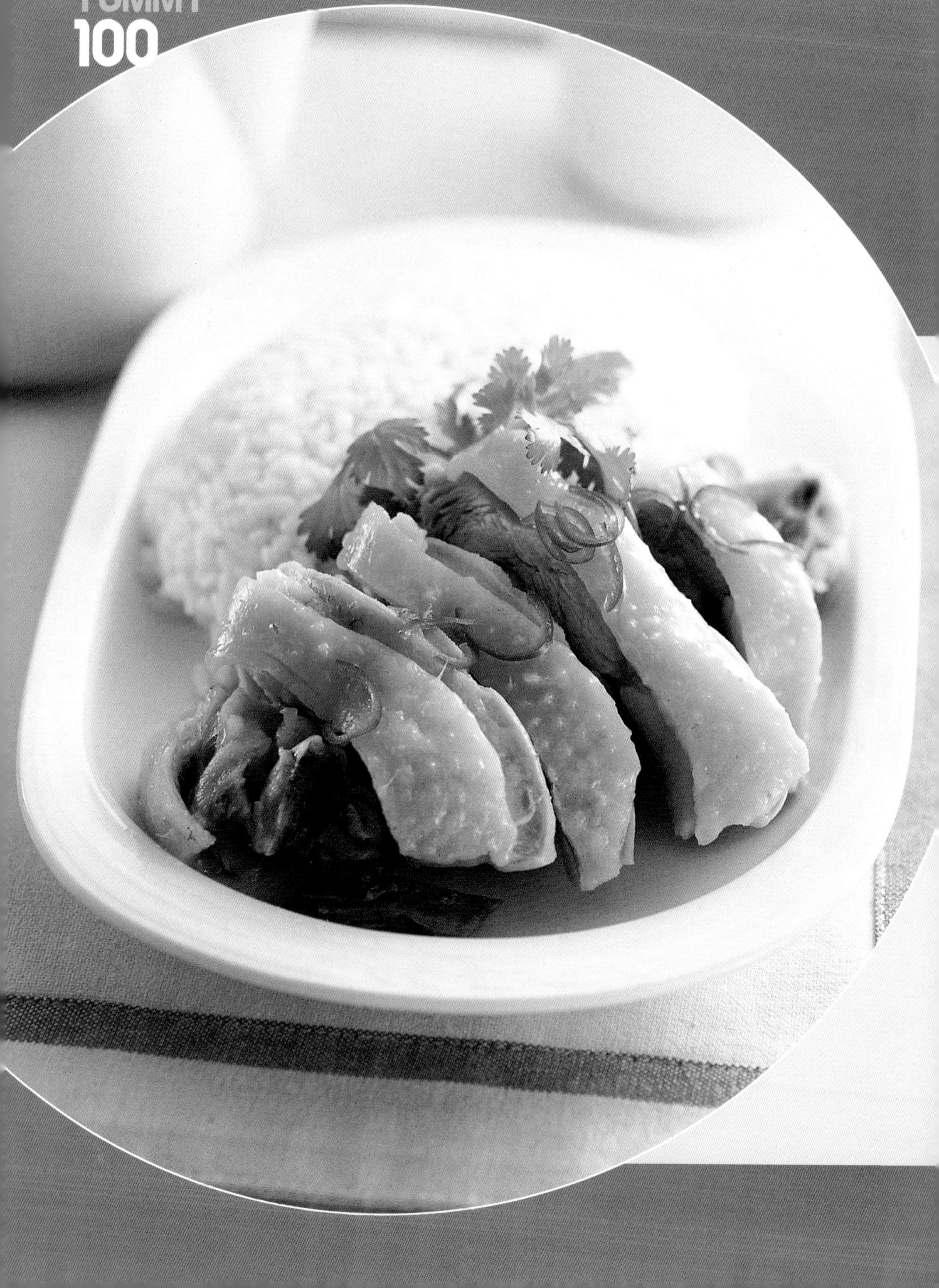

| 材料 |
白米2杯、雞腿2隻、紅蔥頭末2大匙、蒜末2大匙、辣椒少許、香菜少許

| 調味料 |
A 鹽1/2大匙、胡椒粉1小匙
B 醬油2大匙

海南雞飯

| 做法 |

1. 鍋燒熱，倒入2大匙油，爆香紅蔥頭末、蒜末，加入720c.c.水，水沸騰轉中火，放入調味料**A**及雞腿煮20分鐘，取出雞腿待涼後切塊備用。

2. 白米洗淨瀝乾，加入2杯做法**1.**煮雞腿的湯汁（濾除紅蔥頭末、蒜末），浸泡30分鐘，以電鍋煮熟。

3. 取一小碗，倒入醬油、1/2碗做法**1.**煮雞腿的湯汁拌勻，澆淋於雞塊上或邊吃邊沾食，最後撒上香菜和辣椒絲。

93*

海鮮烏龍麵

Tips
魚露在一般超市，
如頂好、善美得超
市內買得到。

YUMMY 100

| 材料 |
烏龍麵150克、鮮蝦2尾、魚肉2片、蛤蜊2個、蟹肉棒1條、丸子2個、青江菜1株、
金針菇10克、蔥1/2支

| 調味料 |
柴魚粉少許、鹽少許

| 做法 |

1. 所有材料洗淨，魚肉切片，蛤蜊泡水吐沙，蔥切末。

2. 取一鍋，放入所有調味料以大火燒開，再改中火，放入麵條煮，等再
   次煮開，加入所有海鮮類材料繼續煮至熟。

3. 加入青江菜、金針菇煮熟後熄火，最後撒上蔥末即成。

94 涼麵

這道菜用不到我嗎？
T..T

| 材料 |

涼麵600克、小黃瓜2條、胡蘿蔔50克、蔥絲適量、香菜少許

| 調味料 |

A 蒜泥1/2大匙、醬油1/2大匙、鹽1/2大匙、糖1/2大匙、黑醋1/2大匙、
冷開水250c.c.

B 芝麻醬3大匙、花生醬2大匙、冷開水75c.c.

| 做法 |

1. 小黃瓜、胡蘿蔔以水洗淨後切細絲；蔥切絲。

2. 調味料 **A** 和 **B** 各自混合拌勻。

3. 取一盤子，盤內盛入涼麵，鋪上小黃瓜絲、胡蘿蔔
絲、蔥絲，先淋上調味料**A**，再淋上調味料**B**，最
後撒下些許香菜即成。

95*
義大利肉醬麵

Tips
脫皮蕃茄和肉醬在一般超市就買得到，是罐裝的。

| 材料 |
義大利麵120克、脫皮蕃茄2個、培根1片、洋蔥20克、九層塔適量

| 調味料 |
肉醬3大匙、鹽適量

| 做法 |

1. 將義大利麵煮熟，瀝乾水分，培根切末，脫皮蕃茄切小塊，洋蔥切末。

2. 鍋燒熱，倒入1大匙橄欖油，加入脫皮蕃茄、培根及洋蔥以小火炒軟，
   放入義大利麵拌勻，以鹽調味，盛入盤中淋上肉醬，撒上九層塔即成。

96*
蛤蜊炒麵

| 材料 |
義大利麵100克、蛤蜊200克、豆苗20克、鮮奶油150c.c.、大蒜1粒、鹽1小匙、橄欖油少許

| 調味料 |
鹽1小匙、胡椒粉少許

| 做法 |
1. 取一鍋，加入水燒開，先加入鹽、橄欖油，再放入麵條，以筷子攪拌，煮至滾後再加入水240c.c.，以小火繼續煮到滾後，撈起麵條以冷水沖涼，大蒜切片。

2. 鍋燒熱，倒入少許油，爆香蒜片，續入蛤蜊略炒一下，再加入鮮奶油，放入麵條略炒，以中火將湯汁稍微濃縮，加入調味料再炒一下，最後放入豆苗拌炒均勻即成。

98 *
越南河粉

| 材料 |

牛肉片300克、河粉600克、豆芽菜200克、胡蘿蔔1/4條、洋蔥1/2個、青蔥2支、香菜少許

| 牛肉高湯材料 |

牛骨600克、牛腩400克、香茅3根、洋蔥80克、南薑1片、月桂葉8片

| 調味料 |

鹽適量、魚露適量、白胡椒粉適量

| 做法 |

1. 牛骨、牛腩入沸水汆燙10分鐘取出，用冷水沖掉血膜。

2. 深鍋內另注入清水10碗，入牛骨、牛腩、香茅、洋蔥、南薑片、月桂葉以中小火熬煮4～5個小時，即是牛肉高湯。

3. 河粉切細條，入沸水汆燙3分鐘撈出瀝乾，豆芽菜洗淨瀝乾；胡蘿蔔、洋蔥切絲，青蔥切碎。

4. 取一深碗放入河粉、豆芽菜、胡蘿蔔、洋蔥、牛肉片、調味料，澆淋滾燙高湯，撒下蔥末、香菜即可食用。

Tips
越南河粉和南薑在超市的東南亞食品區內買得到。

97 *
炒米粉

| 材料 |

米粉100克、香菇2朵、蝦米適量、蛋1個

| 調味料 |

醬油1小匙、鹽1小匙、胡椒粉少許

| 做法 |

1. 將米粉泡冷水至軟，取出後瀝乾水分。

2. 香菇、蝦米泡冷水後香菇切絲；蛋打入碗中略微攪拌一下。

3. 鍋燒熱，倒入少許油，先放入蛋液炒熟成碎蛋末取出，再放入香菇、蝦米炒一下。

4. 加入米粉炒至熟，續入調味料及蛋末拌炒均勻即成。

99*
海鮮粥

| 材料 |
白米1杯、蛤蜊適量、蝦仁適量、花枝適量、薑適量、蔥1支、鹽1小匙（粥用）

| 調味料 |
鹽少許、胡椒粉少許

| 做法 |
1. 先製作粥。白米洗淨瀝乾後放入深鍋內，加入水1,440c.c.、鹽1小匙、4~5滴沙拉油，以中火熬煮90分鐘即成。

2. 蛤蜊洗淨，蝦仁洗淨抽出腸泥，花枝洗淨切花，薑切絲，蔥切末。

3. 取一深鍋，舀入粥底以小火煮沸，放入蛤蜊、蝦仁、花枝、薑絲，以湯杓翻動粥底再次煮沸即成，可以鹽、胡椒粉調味，最後再撒上蔥末。

100*
廣東粥

| 材料 |
白米1杯、絞肉50克、花枝50克、豬肝50克、蝦仁50克、蛋3個、蔥花適量、油條1根、鹽1小匙（粥用）

| 調味料 |
鹽1/2小匙

| 做法 |
1. 先製作粥。白米洗淨瀝乾後放入深鍋內，加入水1,440c.c.、鹽1小匙、4~5滴沙拉油，以中火熬煮90分鐘即成。

2. 花枝、豬肝洗淨後切片；蝦仁洗淨後抽去腸泥。

3. 取一深鍋，舀入粥底以小火煮沸，放入絞肉、花枝、豬肝和蝦仁，以湯杓翻動粥底再次煮沸即熄火，打入蛋，加入少許鹽，最後放上蔥花、油條即成。

輕鬆學做菜

為避免失敗,想做菜的人,尤其是初學者一定要先看以下的基礎常識,包括材料的事先準備、食材的保存、調味料的計量、如何煮好一碗飯、一碗麵的基本功夫,以及做菜基礎用語,這都是些簡單,卻又極其重要的常識,只要你能了解並實際操做,輕鬆做好菜絕非難事!

YUMMY

材料的事先準備

烹調前，必須依照食材的特性及想要做的料理預先處理材料，沒有人會將整顆蘿蔔往水裡丟或將整把鴻禧菇放進鍋裡煮。做菜前，必須先將材料泡水、分株、削皮、去除腥臭味、切塊、切條等，依你準備做的菜來做準備。以下依食材分類，給你最佳的處理建議，你可依想做的菜選擇事前的處理方法，輕鬆做好每一道菜。

	食材	處理方法
	菠菜	切掉根部，烹調前可先汆燙。
	白菜	先去菜心再剝開葉子，切片。
	高麗菜	先去菜心再剝開葉子，可切絲、切片。
葉菜類	韭菜	根部約切掉3公分，切段。
	花椰菜	根部較硬的部分削去薄薄一層皮，分小朵。
	山茼蒿	莖的部分較硬，摘取葉子部分使用。

馬鈴薯、地瓜	削皮,手持菜刀,以菜刀靠近自己的刀鋒一角挑掉芽,可切塊、切絲、切圓片,一切好立刻泡水可避免變黑。	根莖類
蘆筍	根部較硬的部分削去薄薄一層皮,可切斜段、切約3公分長段。	
芹菜	以菜刀稍切去根部再削去筋,摘掉葉子後切段。	
蘿蔔、胡蘿蔔	切去帶葉的蒂頭,以削皮器削除外皮,可切塊、切細絲、切圓片。	
牛蒡	將刀背放在牛蒡上,與牛蒡呈90度直角來回動幾下可清除外皮;可將削皮清洗好的牛蒡切成20公分長,放入水中煮40～50分鐘後以玻璃瓶敲打幾下切斷纖維,吃時較容易入口。泡醋水可防止變黑,可切細絲、切薄片。	
蓮藕	以削皮器削除外皮,可切圓片、切塊,泡醋水可防止變黑。	
洋蔥	切去蒂頭,可切碎、切條、切半月型,可放進塑膠袋裡或先冰過,切時較不會流眼淚,切後泡冷水可去除辛辣味。	
玉米	剝除葉子和鬚,可切段、切玉米粒。	
小黃瓜	兩端稍微切掉些,可切片、切絲、切塊。	
鴻禧菇	切掉根部較硬的部分,分成小朵。	菇類
新鮮香菇	切掉菇柄。可切細絲、刻十字花紋。	
金針菇	整把菇柄從根部切掉約2公分,剩餘部分再切一半。	
苦瓜	以刀從中直剖開後挖掉籽和絮,撒入鹽搓挖掉籽和絮的部分再洗淨。可切塊、切條。	瓜果類
南瓜	以刀剖開後挖掉籽和絮,可削皮、切塊、切片。	
冬瓜	若為整個冬瓜,先將兩端稍切掉,剖開後挖掉籽和絮,切大塊並削除外皮,再切易入口小塊。	
茄子	切去蒂頭,可切圓片、切長條,泡鹽水可避免變黑。	
薑、大蒜	可切碎、切片、切細絲,薑的纖維較粗,順著纖維切會較好切。	辛香料類

食材		處理方法
肉類	豬排	筋切斷後可用棍子敲打肉，可切條、切片、切塊。
	薄豬肉片	順著纖維直切細條。
	牛排	筋切斷後可用棍子敲打肉，可切條、切片、切塊。
	薄牛肉片	因牛肉的纖維是斜的，不可順著纖維切，要逆絲切；可先將肉片切成4等分，再重疊切細條。
	雞腿肉	切除多餘脂肪，可切塊、切丁。
	雞胸肉	切除筋，可切塊。
	雞翅膀	切斷關節處，沿著骨頭切開。
	雞肝	切除血塊後切成一口大小，放入容器中並洗淨，以200克雞肝為例，倒入約白酒100c.c.醃30分鐘到1個小時，可再加入薑汁或蒜泥以去除腥臭味。
魚貝類	蝦子	剝除蝦殼後以牙籤挑出腸泥，背部劃一刀片開。
	花枝	先剝除外皮後取出內臟，割掉眼睛後切斷腳，身體部分可切圈，腳可以切數段。
	蛤蜊	將蛤蜊放入一盆清水中，用手攪一下清除表面污垢後倒掉水，再將蛤蜊放入一盆鹽水中，過一會等蛤蜊張開殼，先撿去未開殼的死蛤蜊，再將整盆置於陰暗、安靜處一晚，可幫助吐沙，吃起來較新鮮。
	生蠔	將生蠔放入過篩器中入鹽水中洗淨，或將蘿蔔泥與生蠔同放入容器中，等蘿蔔泥變黑即代表生蠔的髒污已溶於其中。
	魚	刮去鱗片，切開頭部，從魚腹取出內臟，整條魚洗淨。亦可用刀將魚肉魚骨分開成3片，可切塊、剁碎。
其他	豆腐	將整塊豆腐放在戳了洞的烤盤紙上，整個直接入沸水汆燙1~2分鐘；或將豆腐切塊，放入沸水中汆燙2分鐘後撈起，將豆腐的水分逼出，適合用來做麻婆豆腐、豆腐湯等。
	豆腐皮	先入沸水中汆燙，可切細絲、切片、切開中間成袋狀做壽司。
	蒟蒻	汆燙後切易入口大小。
	冬粉、米粉	入冷水浸泡至軟後取出，切易入口大小。

食材保存法

今天做的菜吃不完怎麼辦？不小心買太多材料時該怎麼處理？丟了可惜，又不能眼睜睜看著食物壞掉，想必大家都有這樣的經驗。沒關係，只要了解正確的保存方法，不僅吃不完的東西可以再吃，用不完的材料也可以保存，下次使用時同樣能做出好口味的料理。

食材	冷凍保存	冷藏保存	室溫保存
葉菜類	先燙過再冷凍保存（但取出後較不適合以快炒烹調）	稍微清洗後直接放入密封袋以冷藏保存	冬天時可以放在陰暗處
高麗菜、萵苣		先將菜的心部拔出，再以擦手紙沾水包裹後冷藏保存。	冬天時可以放在陰暗處
蘿蔔	磨成泥後冷凍保存	切掉葉子和根部後直接冷藏	以擦手紙沾水包裹放在陰暗處
芋類	先燙過再冷凍保存（但取出後較不適合以快炒烹調）	只有夏天可以冷藏保存	放在陰暗處
小黃瓜、蘆筍		用擦手紙包好後冷藏保存	
長蔥	先切細碎或蔥花再冷凍保存	切對半後直接冷藏	冬天時可以放在陰暗處
洋蔥	先切薄片或細碎後炒過再冷凍保存		將洋蔥放在網子裡，掛在通風較好的地方。
香菇	乾香菇需將菇柄和菇傘分開	生香菇需將菇柄朝上放冷藏保存	
玉米	水煮後剝下顆粒冷凍保存	剝開外葉直接放入密封袋內冷藏保存	
葡萄柚、橘子、檸檬		切開後包上保鮮膜冷藏保存	整顆放在陰涼處
薄肉片	一片一片排列後冷凍保存	包上保鮮膜後冷藏保存	
絞肉	分成小糰後冷凍保存	包上保鮮膜後冷藏保存，但儘可能在1～2天內食用。	
整條魚	去除頭、尾、內臟後冷凍保存	處理完內臟後以布沾水包好冷藏保存	
魚肉片	一片片包好冷凍保存	以布沾水包好冷藏保存	
生魚片	以吸水布包好冷凍保存		
醬油、醋、油		蓋緊瓶蓋後放在冰箱側門	只有冬天時可以放在陰暗處
味噌		換裝在密封容器中冷藏保存	只有未開封的可以放在陰暗處
西洋香料	若是瓶裝香料，瓶口要蓋緊；袋裝則需用兩層密封袋包好以冷凍保存。		可放在濕氣不高、涼爽處。

食材	冷凍保存	冷藏保存	室溫保存
豆腐		每天換水，放入冰箱下層中間，2天內需吃完。	
優格		放在冰箱下層中間冷藏保存	
起司		放在冰箱下層中間冷藏保存	
牛奶		牛奶若已開封，可拿夾子將盒口夾好冷藏保存，2～3天內需喝完。	
美乃滋		瓶口蓋緊，放在冰箱下側門的中間保存。	
白飯	分成小糰以保鮮膜包好，寫上日期，可冷凍保存，3個星期內需吃完。		

調味料的計量

對做菜初學者來說，參照食譜依樣畫葫蘆做菜是免不了的，食譜中材料的計量是初學者最需要注意的，只有掌握材料、調味料等的正確分量，才能成功做出好吃的菜。一般做菜時較常用到的計量器有量匙、量杯兩種，使用起來既簡單又方便。

（1）量匙

測量粉類時

　　測量鹽、砂糖、蕃薯粉等粉類時，將量匙舀滿，以另一支湯匙的柄或筷子沿著量匙的邊緣刮平即可，同樣若想測量一半的量，可用湯匙柄的前端畫出一半的量，將不要的部分剔掉。

測量固體時

　　若想測量薑泥、蒜泥、蔥花時，測量方法同粉類。

測量液體時

　　想要測量醬油、白醋、辣油等液體時，可先將這類液體倒入瓶子裡，再沿著量匙的邊緣慢慢倒入測量，約倒滿即可。但需注意，要選瓶口較小的瓶子，因為若將液體裝在口較大的容器中，倒入量匙測量時很容易溢出來，所以購買調味料時，可選擇瓶口較小的。

　　同樣若想測量一半的量，約為1匙的六～七分滿。

（2）量杯

測量粉類時

　　想測量大量的麵粉、高湯時，量杯是最好的工具，不過測量時，不可從上方往下看，必須從量杯的側邊以水平角度測量才會準確。

測量液體時

　　以量杯測量水時，同樣必須從量杯的側邊以水平角度測量才會準確。

煮好一碗飯、一碗麵

做好了滿桌的菜，一定得配上一碗熱騰騰香噴噴的飯或麵，電鍋、電子鍋煮飯都很方便，一鍋滾水煮麵更是輕鬆，幾個簡單步驟教你煮好飯、麵！

輕鬆煮飯妙招

1. 洗米：以手輕輕且迅速搓洗米，重複動作約洗2~3次，至洗米水由混濁變清即可。

2. 浸米：如果你使用的是電子鍋，米與水的比例約為1：1.1，就是內鍋中加入1杯米需搭配1杯多一點的水；記住，電子鍋的外鍋不用加水。若使用的是電鍋，內鍋放入1杯米同樣需搭配1杯多一點的水，外鍋則放1杯水，使用電鍋要記得無論內鍋放多少杯的米，外鍋都只要加入1杯水就可以。

3. 加熱：按下煮飯鍵即可。飯煮好後不要馬上打開蓋子，可再燜煮約5分鐘。

4. 打鬆：煮好的飯可以用飯匙打鬆，使多餘的水氣蒸發，飯粒較美味。

5. 盛飯：將飯裝入碗裡時別壓得太緊密，以蓬鬆的感覺較佳。

簡單煮麵訣竅

1. 取一鍋子，盛入大量的冷水，以大火煮沸後放入麵條。

2. 以筷子抖鬆麵條，然後蓋上鍋蓋煮。

3. 等水滾起來，依麵條量倒入1/2~1碗冷水繼續煮。

4. 等水滾起來，再次添加水繼續煮。

5. 等水再滾起來，以漏杓撈出麵條即可。

做菜基礎用語

餐廳、小館裡常吃的菜不見得難做，即使你只是個烹飪新手，
只要多看食譜，瞭解食譜中常見的基礎用語，自己再稍微練習
一下，清蒸、小炒、涼拌輕鬆上桌。

切塊：可切成菱形塊、方塊、滾刀塊（又稱滾料塊，指切不規則形狀）
等。食材加熱時間需較長的，像紅燒類較適合，此外，食材質地較
軟的也可切大塊。

切片：可切成薄片、圓片、半圓片、菱形片、銀杏葉片（圓片切成4個形
片）等。食材所需加熱時間較短，像做汆燙、涮、炒等菜就很適合
切片。

切條：切約3公分長、1公分寬，可先將食材切成片再切成條，像胡蘿蔔、
牛蒡通常都切條再烹調。

切絲：與切條類似，切約長3公分、寬0.7公分，同樣先將食材切成片再切
成絲，但切時得更加小心。薑、蔥、小黃瓜都是常見切絲的食材。

切段：得依食材來決定切段的長度，像蔥切3公分，韭菜切約4公分。

切丁：先切成條再切成丁，有小方丁、橄欖丁等，適合熬煮或與其他材料
混合一起烹調的料理，所以切不漂亮較沒關係。

切粒：先切成絲再切成粒，粒較丁再小些，大小如米粒。

切末：末較粒和丁更細，可先切細絲再切極細小末。像多用做辛香料的辣
椒、蔥、薑等一般都切細末使用。

切泥：先將食材拍碎再剁成極細，如蒜泥、薑泥等。

起油鍋：將油倒入鍋（一般為炒菜鍋）中，以火燒熱。

氽燙：將食材放入滾水中，以大火在極短的時間內約燙3秒鐘後立即撈起。

過油：也有人稱為「油燙」，是將食物放入已加熱的油中停留一段時間，使其達到不同的熟度，可使食材易上菜且易熟。如小黃瓜、青椒就屬易熟食材，以大火拌約3秒鐘可保鮮脆口感。另如茄子、魚等以大火拌約3分鐘較易上色。

爆香：起油鍋，倒入1小匙油加熱約30秒鐘，使油溫至100℃，放入食材炒香。如蔥、薑、大蒜都常用來爆香。

炸：將食材放入大量的熱油中炸至熟。

五分熱：約120℃，試丟一塊蔥入油鍋，幾秒鐘後出現微小泡泡。

六分熱：約140℃，試丟一塊蔥入油鍋，馬上會出現微小泡泡。

七分熱：約160℃，試丟一塊蔥入油鍋，馬上會出現大泡泡。

八分熱：約180℃，油鍋已開始冒白煙。

燜：將食材燙熟或過油後，以少量水或高湯、調味料，讓食材燜至入味且收乾湯汁為止。

炒：起油鍋後加入1小匙油以大火燒熱，放入食材在短時間內快速拌炒至熟。

清炒：起油鍋後加入爆香料和食材快速拌炒。

生炒：起油鍋後直接加入食材拌炒至熟。

燒：將食材加入調味料和水煮到熟為止。

紅燒：食材加入醬料和醬色烹調。

乾燒：食材加入少量的水、調味料煮，使之很快就入味後盛出。

涼拌：將生食材或熟食材處理好，再加入調味料拌勻至入味。

蒸：將食材放在一密閉容器中加熱，利用水蒸氣加熱至熟透。

勾芡：烹調料理至最後，拌入以太白粉或玉米粉調勻水的動作，可使食物有獨特濃稠口感，還能讓食物外觀更光潤。

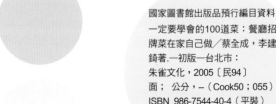

國家圖書館出版品預行編目資料
一定要學會的100道菜：餐廳招
牌菜在家自己做／蔡全成，李建
錡著.─初版─台北市：
朱雀文化，2005〔民94〕
面； 公分，─（Cook50；055）
ISBN 986-7544-40-4（平裝）
1.食譜─中國
427.11　　　　　94006532

一定要學會的100道菜

餐廳招牌菜·在家自己做

COOK50　055

作　　　者▇蔡全成·李建錡　企　劃▇楊馥美　攝　影▇徐博宇·林宗億
美術設計▇美亞力　編　輯▇彭文怡　校對▇連玉瑩
企畫統籌▇李　橘　發行人▇莫少閒　出版者▇朱雀文化事業有限公司
地　　　址▇台北市基隆路二段13-1號3樓　電話▇(02)2345-3868　傳真▇(02)2345-3828
劃撥帳號▇19234566 朱雀文化事業有限公司　e-mail▇redbook@ms26.hinet.net
網　　　址▇http://redbook.com.tw　總經銷▇成陽出版股份有限公司
ISBN▇ 986-7544-40-4　初版一刷▇2005.05　再版廿刷▇2009.11
定　　　價▇280元　特　價▇199元　出版登記▇北市業字第1403號

About買書：
●朱雀文化圖書在北中南各書店及誠品、金石堂、何嘉仁等連鎖書店均有販售，如欲購買本
公司圖書，建議你直接詢問書店店員。如果書店已售完，請撥本公司經銷商北中南區服務專
線洽詢。北區(03)271-7085、中區(04)2291-4115和南區(07)349-7445。
●●至朱雀文化網站購書(http:// redbook.com.tw)。
●●●至郵局劃撥（戶名：朱雀文化事業有限公司，帳號：19234566），
掛號寄書不加郵資，4本以下無折扣，5～9本95折，10本以上9折優惠。
●●●●親自至朱雀文化買書可享9折優惠。